Regina Kolz

Dekorative Artischockentechnik

ENGLISCH VERLAG

Die Deutsche Bibliothek – CIP-Einheitsaufnahme
Dekorative Artischockentechnik / Regina Kolz. – Wiesbaden: Englisch, 1997
ISBN 3-8241-0769-4

ISBN 3-8241-0769-4

Fotos: Susanna Héraucourt-Multer, Titelbild: Frank Schuppelius
Printed in Germany

Inhaltsverzeichnis

Vorwort

Was kostet eine Artischocke? Diese Frage wird mir als Händlerin ab und zu gestellt, wenn ich meine Muster im Geschäft präsentiere.

Eine Antwort darauf ist einfach zu geben, denn Handarbeit ist meines Erachtens nicht mit Geld zu bezahlen. Neben den Materialkosten müsste man auch die Arbeitszeit rechnen und natürlich die Liebe, die in den selbst hergestellten Artischocken steckt.

Was liegt also näher, als selbst gebastelte Artischocken nicht nur zur Dekoration der eigenen Wohnung zu verwenden, sondern sie auch an Menschen zu verschenken, die den Wert des Selbstgemachten zu schätzen wissen?

In diesem Buch stelle ich Ihnen viele neue Ideen in der Artischockentechnik vor. Aus Kugeln können Sie z. B. dekorative Kakteen basteln, die sich hervorragend als Tischschmuck für Festlichkeiten eignen. Als kleines Andenken kann dann jeder Gast ein Exemplar mit nach Hause nehmen. Oder schenken Sie einem neuen Erdenbürger doch mal eine Kugel mit niedlichen Teddybären! Natürlich darf auch Schmuck für Feste wie Weihnachten und Ostern nicht fehlen.

Neben bereits bekannten Formen wie Kugeln und Kränze habe ich auch Grundformen berücksichtigt, die neu auf dem Markt sind, nämlich Pilze und Buchstaben.

Sie werden überrascht sein, wie vielfältig sich die Artischockentechnik verarbeiten lässt, besonders wenn Sie sie mit der Patchworktechnik kombinieren.

Und nun wünsche ich Ihnen viel Spaß beim Nacharbeiten meiner Ideen.

Regina Kolz

Material und Werkzeug

Für die Patchworktechnik auf Styropor und für die Artischockentechnik benötigen Sie folgende Werkzeuge und Hilfsmittel:

- Cutter oder Skalpell
- Schere
- kleine spitze Schere
- Nagelfeile oder stumpfes Messer
- Phantomstift (Seidenmalbedarf) oder Kugelschreiber
- Klebepistole (Niedertemperatur)

Die wichtigsten Materialien sind:

- Styroporformen, wie Kugeln, Herzen, Zapfen, Glocken, Würfel, Facettenkugeln, Eier, Kegel, Mond usw.
- Patchworkstoffe (Baumwolle)
- Schleifenbänder, vorzugsweise Taftbänder
- Spitzenbänder
- Borten
- Stecknadeln in den Längen 10, 13, 16 oder 18 mm
- Klebstoff
- Pailletten
- Perlenschnur
- Seidenblüten
- Wachsperlen

Den genauen Materialbedarf finden Sie bei den einzelnen Motiven.

Arbeitstechniken

Patchwork auf Styropor

Bei der Patchworktechnik gehen Sie schrittweise vor:

1. Das Motiv wird auf die Styroporform übertragen. Dabei sind Phantomstifte gut geeignet, da die Linien nach kurzer Zeit wieder verblassen. Auch ein Kugelschreiber oder weicher Bleistift eignet sich, wenn Stoffe und Bänder nicht so hell sind, dass die Markierungen durchscheinen.

2. Mit einem scharfen Messer (Cutter oder Skalpell) werden die vorgezeichneten Linien auf dem Styropor eingeschnitten. Das Messer sollte dabei leicht schräg in Schnittrichtung gehalten und mit etwas Druck hin- und herbewegt werden. Mit dieser Sägebewegung sind etwa 1 cm tiefe Schnitte sauber und gerade herzustellen. Wenn Sie dabei zu schnell und hastig vorgehen, entstehen ungewollte Kerben und Risse im Styropor.

3. Der Stoff mit dem gewünschten Muster wird aufgelegt und etwa 0,5 cm tief mit einer Nagelfeile in den eingeschnittenen Schlitz gedrückt. Zur Vermeidung von Faltenbildung legen Sie den Stoff möglichst schräg zum Fadenlauf auf das Styropor. Sie sollten keine Stoffstücke in der vorgezeichneten Form vorschneiden, da die Dehnbarkeit der Stoffe und Wölbungen auf dem Styropor nicht zu berücksichtigen sind.

4. Mit einer kleinen Schere wird der Stoff entlang des Schlitzes abgeschnitten. Durch die Schere verbleibt dabei ein kleiner Rand als Nahtzugabe.

5. Mit der Nagelfeile wird der restliche Stoff in den Schlitz hineingedrückt. Falls nachgearbeitet werden muss, um Falten zu beseitigen, sollte dies mit einer Ahle versucht werden.

Tipps

Bereits bei der Auswahl der Styropor-Rohlinge sollten Sie auf Qualität achten. Bei großporiger Struktur ist das Einreißen des Styropors leicht möglich.

- Sehr gut geeignet sind Jersey-Stoffe und -Bänder, da aufgrund der Elastizität des Materials Faltenbildung vermieden werden kann.
- Bei größeren und gewölbten Körpern wird Faltenbildung verhindert, indem Sie zusätzliche Unterteilungen des Motivs vornehmen.
- Wenn beim Beziehen mit dem Stoff das Material stark rutscht, kleben Sie es mit einem Klebestift leicht an.

Artischockentechnik

Für die Artischockentechnik falten Sie aus Schleifenbändern dreieckige Abschnitte (Schuppen), ordnen sie systematisch auf einem Styroporkörper an und befestigen sie.

Eine Vielfalt von Möglichkeiten ergibt sich aus den vielen Styroporgrundformen und verschiedensten Schleifenbändern sowie aus deren Kombinationsmöglichkeiten. Neue Styroporformen geben Anlass zum Experimentieren.

Nachfolgend wird die Artischockentechnik kurz und schrittweise erläutert:

1. Zuerst nehmen Sie auf dem Styroporkörper die Einteilung vor, die sich nach seiner Größe und nach der Breite der benötigten Schleifenbänder richtet. Je größer das Objekt ist, desto mehr Hilfslinien müssen gezogen werden.
2. Die benötigten Bänder schneiden Sie in Stücke, wobei die Abschnitte doppelt so lang sein sollten wie die Bänder breit sind. Bei 4 cm Breite werden die Abschnitte also 8 cm lang, bei 2,5 cm sind es 5 cm, usw.
3. Die Bandabschnitte falten Sie zu Dreiecken, indem zwei Ecken nach innen geknickt werden. Ein Dreieck entspricht einer Schuppe der Artischocke.
4. Die Dreiecke stecken Sie nun mit Stecknadeln auf dem Styroporkörper fest, wobei die rechtwinklige Spitze auf der Hilfslinie liegt. Sie können die Dreiecke so feststecken, dass die mittleren Kanten unten liegen – also unsichtbar sind – oder so, dass die mittleren Kanten oben liegen.
5. Die Dreiecke stecken Sie bei einer einfachen Artischocke symmetrisch fest, wobei Sie farblich in der Runde oder Reihe variieren können.

Bei einer Kugel oder einem Ei wird die Spitze mit einem quadratischen Abschnitt abgedeckt. Dann stecken Sie kreisrund reihenweise die Dreiecke fest, wobei die erste Runde aus 4 Dreiecken besteht, deren Spitzen auf die Mitte des Quadrates gerichtet sind.

In der zweiten Runde liegen die Spitzen in den Zwischenräumen der ersten Runde (es wird auf Lücke gesteckt); in der dritten Runde sieht es wie in der ersten Runde aus, usw.

6. In dieser Art und Weise können Sie den Styroporkörper ganz bestecken oder teilweise mit anderen Techniken kombinieren.

Artischockenkante („Streifentechnik")

Eine interessante Variation der Artischockentechnik ist die Artischockenkante. Hierbei werden die Dreiecke streifenweise wie eine Kante gesteckt. Die Artischockenkante stellt ein schmückendes Element von Flächen dar, weshalb sie besonders gut in der Kombination mit der Patchworktechnik zur Geltung kommt. Auch zur besonderen Betonung von Konturen oder Wölbungen ist die Artischockenkante gut geeignet, z. B. bei Facettenkugeln, Styroporherzen und -glocken. Die Artischockenkante bzw. der Artischockenstreifen wird wie folgt hergestellt:

1. Die Bänder werden zugeschnitten und zu Dreiecken gefaltet (siehe Seite 8).
2. Die Dreiecke werden so aufgelegt, dass die mittleren Kanten immer unten liegen – also unsichtbar sind.
3. Dann stecken Sie die Dreiecke mit zwei Stecknadeln in der Mitte fest, sodass sie nicht verrutschen können.
4. Die seitlichen Spitzen der Dreiecke werden in die von der Patchworktechnik vorhandenen Schlitze eingearbeitet, evtl. müssen sie mit einer Schere gekürzt werden.

In diesem Buch werden einige Kombinationsmöglichkeiten dargestellt, wobei die Artischocken streifenförmig als Artischockenkanten häufig das prägende Element darstellen.

Tipps

- Für das Feststecken der dreieckigen Abschnitte sind die Markierungen zur Einteilung des Styropors das wesentliche Hilfsmittel, um eine sauber gesteckte Artischocke zu erhalten. Die Materialangaben in Büchern und die im Fachgeschäft dazu gegebenen Hinweise sind nur Richtwerte. Oftmals muss noch Material nachgekauft werden, weil beim Zuschneiden der Bänder die Abschnitte immer größer geworden sind. Deshalb ist es empfehlenswert, sich eine Schablone anzufertigen, die auch zur Arbeitserleichterung dient und immer gleichmäßig lange Abschnitte ermöglicht.
- Zerschneiden Sie nicht gleich das gesamte Bandmaterial, da entsprechend Ihrer Arbeitsweise (Abstände der Runden) sonst Abschnitte übrig bleiben. Dieses Material fehlt dann unter Umständen für die Dekoration des fertigen Objekts.
- Beim Einkauf der Bänder sollten Sie sich im Fachgeschäft beraten lassen. Manche Bänder sehen zwar sehr gut aus, aber das Feststecken kann unter Umständen zur Quälerei werden. Selbst wenn Sie versuchen, sich mit einem Fingerhut zu helfen, werden Sie feststellen, dass dieses Hilfsmittel nur bedingt tauglich ist. Denn ohne „Fingerspitzengefühl" lässt es sich schlecht arbeiten.
- Die Angaben zum Materialverbrauch sehen Sie bitte nur als Richtwerte an, da es Ihnen überlassen bleibt, die Abstände der Runden und das Muster individuell festzulegen.

Artischockenblüte („Blütentechnik")

Für diese Technik können als Grundkörper Styroporeier, -zapfen oder -sterne verwendet werden. Bei Styroporeiern und -zapfen ist die Arbeitsweise gleich; bei Styroporeiern wirkt die entstandene Blüte etwas fülliger. Wenn Sie Facettenzapfen verwenden, werden statt 4 Blütenblättern je Runde nur 3 benötigt.
Eine ganz andere Wirkung erzielen Sie mit Styroporsternen als Grundform. Eine Variante zeige ich Ihnen auf Seite 18.

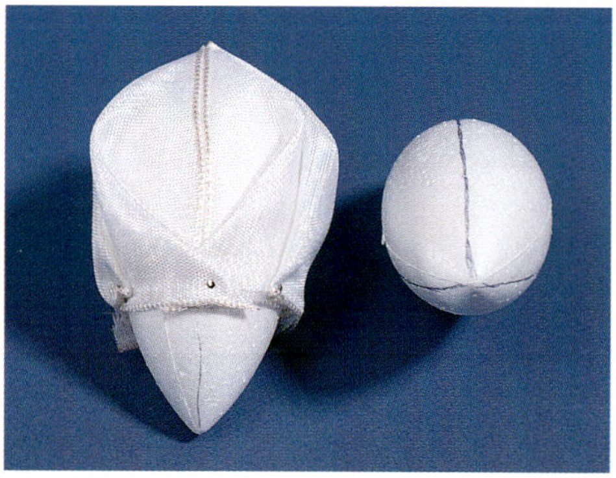

Zunächst möchte ich die Herstellung eines 10 cm großen Zapfens beschreiben:

1. Den Zapfen teilen Sie mit senkrechten Linien in 4 Teile.
2. Die Blüte wird aus 7 cm breitem Doppelsatinband mit Drahtkante gesteckt. Dazu stellen Sie etwa 15 cm lange Abschnitte her, wovon für jede Runde 4 Stück erforderlich sind. Beginnen Sie an einer Spitze des Zapfens.
3. Die vorbereiteten Abschnitte falten Sie zu Dreiecken. Die Dreiecke sollten so festgesteckt werden, dass die mittleren Kanten außen liegen – also sichtbar sind. Die Dreiecke stecken Sie als erstes an der Spitze mit einer Nadel fest, sodass die Nadel verdeckt wird. Das Dreieck wird dabei an der vorgezeichneten Linie ausgerichtet und in der Mitte mit zwei Nadeln festgesteckt. Die äußeren Spitzen des Dreiecks werden nacheinander in die Mitte gelegt und befestigt, wobei die ersten zwei Nadeln verdeckt werden. Entsprechend verfahren Sie mit allen 4 Abschnitten der Runde.
4. Dann stecken Sie die „Blütenblätter" an jeder Seite noch mit einer Nadel fest. Bei den entstehenden Wölbungen soll natürlich das Styropor unsichtbar bleiben.
5. Die 2. Runde arbeiten Sie auf Lücke. Stecken Sie die Dreiecke etwas tiefer als die der 1. Runde, die Spitze wird nicht festgesteckt. Es kann hier eine andere Farbe verarbeitet werden.
6. Die 3. Runde wird ein kleines Stück tiefer als die 2. Runde gearbeitet.
7. Die 4. und 5. Runde werden aus 4 cm breitem Band mit Drahtkante hergestellt. Stecken Sie die Dreiecke wie oben beschrieben.
8. Die Spitze des Zapfens soll unten noch sichtbar bleiben, weil hier der Stiel eingeklebt werden muss. Als Stiel werden 5 Stücke Blumendraht (30–40 cm lang) verwendet. Nach dem Einkleben des Stiels decken Sie mit einem quadratischen Stück Band (Material wie 5. Runde) das untere Ende des Zapfens ab.
9. Der Stiel wird mit Floristenband umwickelt. Mehrere Blüten können Sie mit Blättern zu einem Strauß gestalten.

Schleifen binden

Bei den Mustern in diesem Buch habe ich hauptsächlich sogenannte Ziehschleifen verwendet, die Sie im Hobbyfachhandel erhalten. Wenn Sie Ihre Schleifen lieber selbst herstellen möchten, können Sie nach der folgenden Anleitung vorgehen. Beachten Sie aber bitte, dass Sie dann zusätzliches Schleifenmaterial kaufen mussen.

Zu Ihrer Orientierung:

1 m Band, 25 mm breit ergibt 3 Schleifen.
0,45 m Band, 40 cm breit ergibt 1 Schleife.
Außerdem benötigen Sie ein Hilfsbändchen zum Abbinden der Schleife. Dazu verwenden Sie Polyester- oder Schleifenband mit einer Breite von 3–5 mm.

Anleitung

Legen Sie das Band waagerecht vor sich. Dann nehmen Sie beide Enden und legen sie über Kreuz, sodass der Eindruck eines Schals entsteht. Achten Sie darauf, dass die Flügel nicht zu groß werden (Materialverbrauch siehe oben). Nun drücken Sie den hinteren Teil der Schlaufe gegen den vorderen überkreuzten Teil und raffen ihn zusammen.

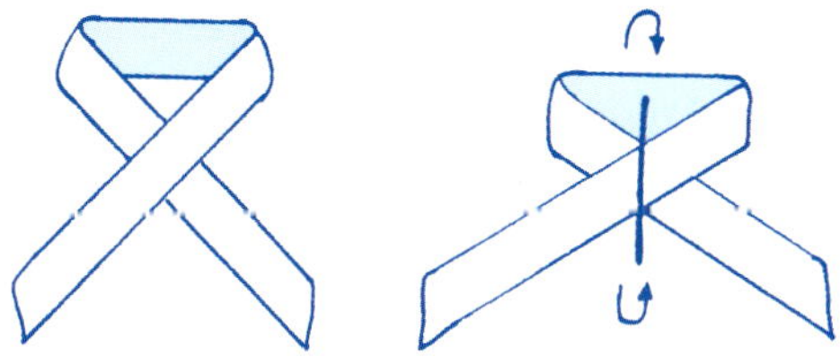

Mit dem Hilfsbändchen binden Sie die Schleife ab und schneiden die Enden schräg.
3–5 dieser kleinen Schleifen werden auf eine Artischocke gesteckt.

Rosen drehen

Eine schöne Dekoration für Artischocken sind selbst gedrehte Rosen, die sich ganz leicht herstellen lassen.

1. Falten Sie das Band wie in Abb. 1 gezeigt.

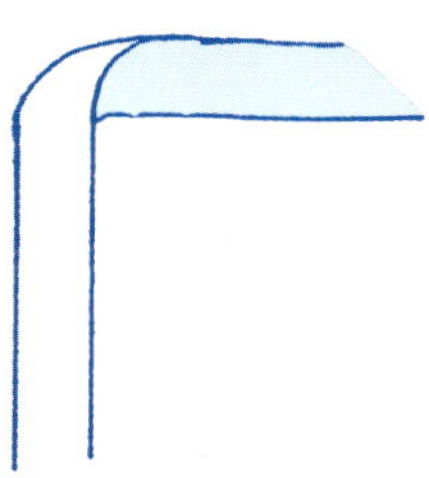

Abb. 1

2. Rollen Sie das kurze Bandende von außen nach innen zu einem festen Stiel auf (Abb. 2).

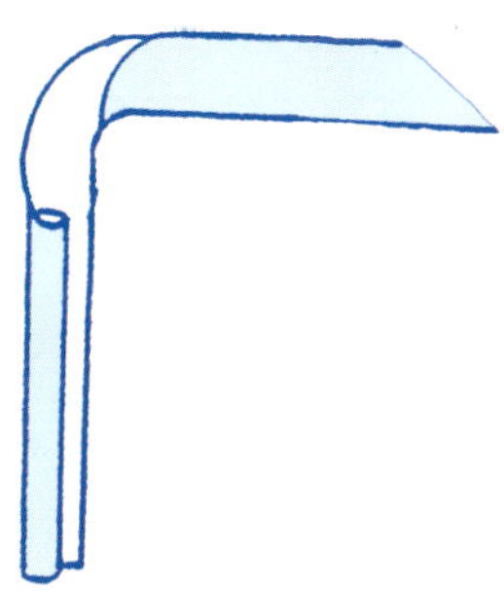

Abb. 2

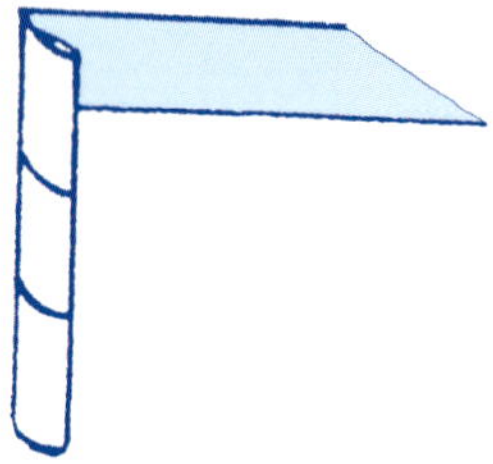

Abb. 3

3. Die Knickkante sollte mit eingerollt werden (Abb. 3).

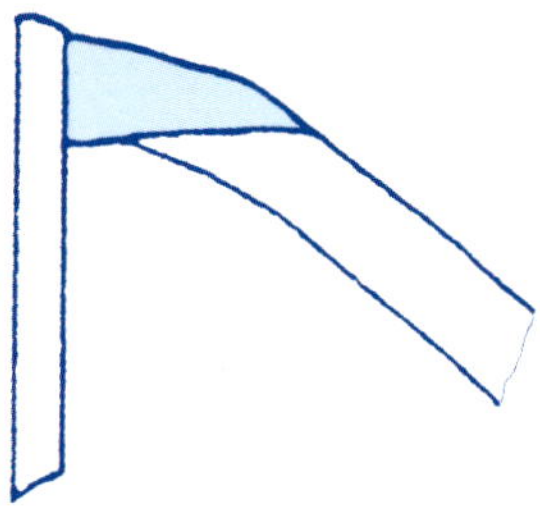

Abb. 4

4. Nehmen Sie das aufgerollte Ende in die linke Hand. Mit der rechten Hand nehmen Sie das lange Bandende auf und knicken es nach hinten ab (Abb. 4).

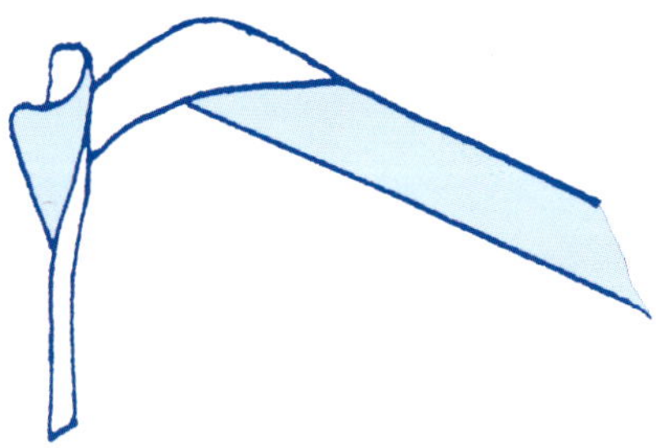

Abb. 5

5. Mit der linken Hand drehen Sie den Stiel entlang der geknickten Kante (1/2 Umdrehung) bis kurz vor das Ende der geknickten Kante (Abb. 5).
6. Knicken Sie das lange Bandende wieder nach hinten weg. Dabei falten Sie das Ende der letzten Knickkante leicht mit um (Abb. 6).

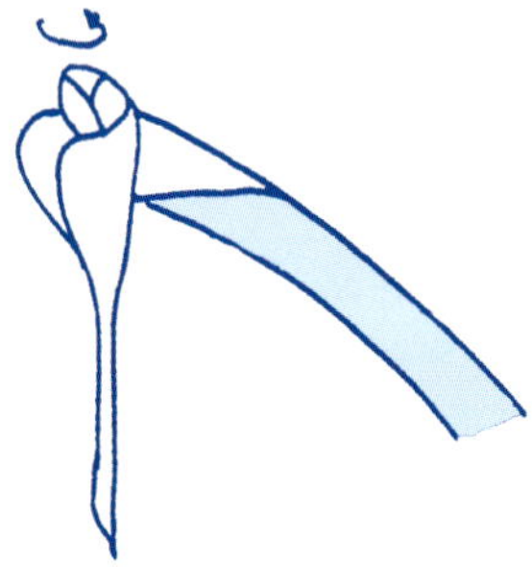

Abb. 6

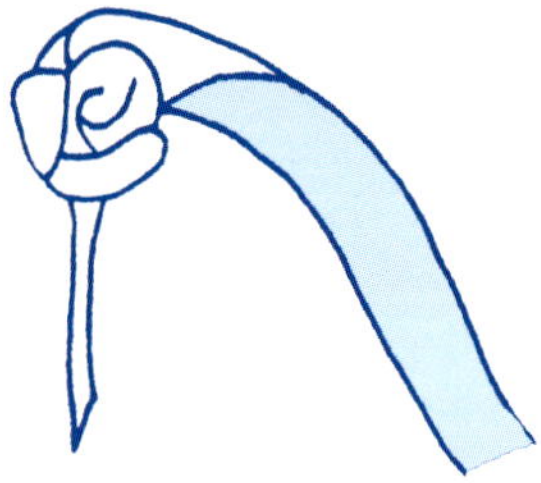

Abb. 7

7. Rollen Sie mit der linken Hand den Stiel entlang der Faltkante. Die ersten Rosenblätter sind jetzt bereits erkennbar (Abb. 7).
8. Wiederholen Sie die Schritte 6 und 7 mehrmals. Immer mehr Blätter entstehen.

Abb. 8

9. Wenn die Rosenblüte groß genug ist, verknoten Sie das Bandende mit einem Faden so knapp wie möglich unter der Blüte am Stiel (Abb. 8).
Diese Anleitung mag Ihnen jetzt vielleicht recht kompliziert erscheinen. Aber probieren Sie es aus, es ist viel leichter als es sich anhört! Mit ein bisschen Übung werden Sie die schönsten Rosen im Handumdrehen basteln.

Blumen- und Pflanzenmotive

Kleine Kakteen

Als Tischdekoration zu einer Familienfeier oder für ein anderes Fest soll diese Anregung dienen.
Basteln Sie für jeden Ihrer Gäste einen Kaktus, den diese als kleines Geschenk oder Andenken mitnehmen können.
Tischkarten lassen sich am Kaktus feststecken oder Sie können den kleinen Blumentopf beschriften.

Material für den Kaktus mit gelber Blüte

- 1 Styroporei, 6 cm lang
- 2,0 m Schleifenband (grün mit Goldkante), 25 mm breit
- 0,70 m Schleifenband (gelb mit Goldkante), 25 mm breit
- Stecknadeln, 18 mm lang
- kleiner Blumentopf

Material für den Kaktus mit roter Blüte

- 1 Styroporkugel, 5 cm Ø
- 1,60 m Schleifenband (grün mit Goldkante), 25 mm breit
- 0,50 m Schleifenband (rot mit Goldkante), 25 mm breit
- Stecknadeln, 18 mm lang
- kleiner Blumentopf

Anleitung

Die Kakteen arbeiten Sie in der Artischockentechnik (siehe Seite 8). Begonnen wird immer mit der Blüte. Wenn ein Styroporei als Grundkörper dient, sollte sich die Blüte auf dem spitzen Ende befinden.
Stecken Sie jeweils 4 Dreiecke pro Reihe.

Tipp

Probieren Sie auch andere Farbvarianten aus. Sie werden überrascht sein, wie vielfältig diese Kakteen sein können.

Kaktus in Streifentechnik

Material

- 1 Styropor-Facettenkugel, 16 cm Ø
- 3,20 m Schleifenband (grün mit Goldkante), 25 mm breit
- 0,80 m Schleifenband (gelb mit Goldkante), 25 mm breit
- Patchworkstoff (gelb gemustert)
- Stecknadeln, 18 mm lang
- 1 Wachsperle oder Paillette

Anleitung

Nehmen Sie die Einteilung der Facettenkugel vor, indem Sie in der Mitte der 6 Facettenflächen jeweils einen Streifen von etwa 0,5 bis 1 cm Breite markieren. Dabei wird der Streifen nach unten und nach oben immer etwas schmaler; die Schnittlinien für die Patchworkstreifen und für Artischockenkanten verlaufen also konisch. Mit dem Cutter schneiden Sie etwa 1 cm tiefe Schlitze in das Styropor.

Mittels der Patchworktechnik werden dann die schmalen Streifen mit einem Baumwollstoff (gelb gemustert) bezogen. Ebenfalls mit Stoff bezogen werden sollten etwa 2 cm am oberen Ende der Streifen für die Artischockenkanten.

Die Dreiecke für die Artischockenkanten werden aus grünem und gelbem Band mit Goldkante geschnitten und gefaltet.

Die Artischockenkanten arbeiten Sie von oben nach unten, wobei Sie mit Gelb beginnen sollten, damit sich eine Blüte andeutet. Die Dreiecke werden mit der Spitze auf die Wölbung der Facettenkugel gelegt und mit 2 Stecknadeln in der Mitte festgesteckt. Da die Artischockenkanten oben und unten schmaler werden, kürzen Sie die seitlichen Spitzen der Dreiecke mit einer Schere. Den oberen Abschluss bildet eine in die Mitte gesteckte Wachsperle oder eine passende Paillette.

Biedermeierstrauß

Bringen Sie das nächste Mal der Gastgeberin doch diesen Strauß statt echter Blumen mit.

Material

- 3 Styroporzapfen, 12 cm
- 2,40 m Satinband mit Drahtkante (weißgold), 70 mm breit
- 3,50 m Spitzenband (weiß), 70 mm breit
- 1,70 m Schleifenband mit Drahtkante (gemustert), 70 mm breit
- 3,0 m Schleifenband (grün), 40 mm breit
- 3,0 m Schleifenband mit Drahtkante (rot), 60 mm breit
- 2 Stiele blühender Seidenbuchs
- Blumensteckdraht
- Blumenwickelband
- Stecknadeln, 16 mm lang
- Papiermanschette, 20 cm ∅

Anleitung

Entsprechend der Anleitung „Artischockenblüte" auf Seite 10 fertigen Sie die Blüten an. Aus dem weißgoldenen Satinband werden „gefüllte" Blüten hergestellt. Dazu stecken Sie zusammen mit dem Satinband-Dreieck ein Dreieck aus Spitzenband fest. Die beiden Dreiecke werden übereinander gelegt und das Spitzenband wird 1,5 cm heruntergeschoben. Wegen der Größe des Zapfens sind hier 4 Blütenblätter je Runde erforderlich.

Ordnen Sie die Blüten, 6 selbst gedrehte Rosen (siehe Seite 11) und den Seidenbuchs zum Strauß an. Damit die Stiele besser zusammenhalten, umwickeln Sie sie mit Blumenwickeldraht. Der Strauß wird mit einer Manschette versehen und mit einer Schleife aus Spitzenband dekoriert.

Hut statt Blumenbouquets

Dieser festliche Hut ist ein hübscher Wandschmuck. Er kann aber auch als Tischdekoration, z. B. bei einer Hochzeit, Verwendung finden.

Material für den Hut

- 1 Strohhut, 35 cm ∅
- 5,20 m Schleifenband mit Drahtkante (grünkariert), 40 mm breit
- 3,20 Schleifenband mit Drahtkante (weißgold), 40 mm breit
- 3,0 m Spitzenband (weiß), 40 mm breit
- 0,80 m Spitzenband mit Drahtkante (weiß), 70 mm breit
- 3 kleine Efeuranken
- 0,80 m Perlenkette (weiß)
- 2 Blumenkränzchen

Material für den Strauß

- 5 kleine Styroporzapfen
- 6,10 m Schleifenband mit Drahtkante (weiß), 60 mm breit
- 1,50 m Schleifenband mit Drahtkante (weiß mit roten Herzen), 60 mm breit
- 5,0 m Schleifenband (grün), 40 mm breit
- 1 Stiel blühender Seidenbuchs
- Blumensteckdraht
- Blumenwickelband
- Stecknadeln, 16 mm lang

Anleitung

Bei diesem Hut werden die Dreiecke mit Hilfe einer Klebepistole (Niedertemperatur) befestigt. Sie beginnen am Rand des Hutes mit dem Aufkleben der Dreiecke; das sind 13 Stück in einer Runde, die aber nur etwa 1 cm über den Hutrand hinausragen sollten.
Die 2. Runde wird mit der anderen Farbe auf Lücke geklebt, in den weiteren Runden wechseln die Farben ab. Die letzte Runde wird in der gleichen Farbe wie die vorletzte geklebt, d. h. in diesem Fall grünkariert. Um die Rundung herum wird weißes Spitzenband, das etwas in Falten gelegt wird, aufgeklebt.
Die Blüten stellen Sie entsprechend der Beschreibung im Abschnitt „Artischockenblüte“ auf Seite 10 her. In diesem Falle werden jedoch nur 3 Blütenblätter je Runde gesteckt.
Die 5 Blüten und die 4 selbst gedrehten Rosen (siehe Seite 11) werden mit Stielen versehen, mit Seidenbuchs verziert und auf den Hut geklebt. Der Stiel dieses Bouquets wird mit Rosen aus Spitzenband abgedeckt.
Am unteren Ende des Hutes werden eine Schleife, eine Perlenkette und zwei Blumenkränzchen angebracht.

Tipp

Sie können dieses Bouquet auch als besonders originelle Dekoration für ein Hochzeitsauto verwenden.

Sternblüten

Die hier vorgestellten Blüten stellen eine interessante Variante zur Artischockenblüte dar. Als Grundkörper werden Styroporsterne verwendet.

Material

- 2 Styroporsterne, 5-zackig, 6-zackig
- 4,0 m Taftband mit Drahtkante (bordeaux), 60 mm breit
- 3,80 m Taftband mit Drahtkante (rosa), 60 mm breit
- Stecknadeln, 16 mm lang
- 2 Efeuzweige
- 2 Stiele Ringelgras
- 1 Weidengeflecht

Anleitung

Die Dreiecke werden wie bei der Blütentechnik (siehe Seite 10) gefaltet, jedoch wird die Spitze offen gelegt. Dazu werden die Abschnitte für die Dreiecke etwas länger abgeschnitten, + etwa 2 cm.

Die erste Runde wird auf die Zacken des Sterns gesteckt, sodass die Zacken von oben bedeckt werden. Die zweite Runde mit der anderen Farbe stecken Sie auf Lücke auf den Körper des Sterns. Das wird bis zur Mitte des Sterns abwechselnd fortgesetzt.

Um die Nadeln abzudecken, wird das Band in der Mitte in 3–4 Schlaufen gelegt, festgesteckt und etwas zusammengeschoben.

Die Blüten befestigen Sie auf einem Weidengeflecht, wo sie mit Efeu und Ringelgras dekoriert werden.

Pilze

Auch die neue Styroporform Pilz lässt sich mit Artischocken verzieren und so in eine hübsche Dekoration verwandeln.

Material

- 1 Styroporpilz, 12 cm hoch
- 2 Styroporpilze, 7 cm hoch
- 3,10 m Schleifenband (gold), 40 mm breit
- 3,0 m Schleifenband (gold), 25 mm breit
- 4,0 m Schleifenband (braun), 40 mm breit
- 1,20 m Spitzenband (weißgold), 70 mm breit
- 30 x 35 cm Patchworkstoff (rot)
- 0,80 m Perlenkette (gold)
- 0,25 m Borte (braun)
- Stecknadeln, 18 mm lang
- Pailletten

Anleitung

Die Pilze werden so eingeteilt, dass der Hut insgesamt mit einem Stück Patchworkstoff bezogen wird. Die Unterseite des Pilzhutes und das obere Teil des Stiels (bei den kleinen Pilzen der ganze Stiel) werden mit Spitzenband bezogen. Die Artischockenkante stecken Sie am Hutrand ringsherum. Dabei wird das erste Dreieck zum Schluss der Runde nochmals vorsichtig herausgezogen und das letzte Dreieck wird daruntergeschoben.
Bei dem großen Pilz stecken Sie acht Artischockenkanten nebeneinander auf den Stiel. Die Schnittlinien werden mit der goldenen Perlenkette beklebt und am Fuß werden die sichtbaren Stecknadeln mit einer Borte abgedeckt. Natürlich können Sie auch bei den kleinen Pilzen so verfahren.

Tür- und Wandschmuck

Türkranz

Türkränze aus verschiedenen Materialien erfreuen sich nach wie vor großer Beliebtheit. Ein Geschenk zum Einzug in eine neue Wohnung kann dieser Türkranz sein.

Da textiles Material verwendet wird, ist der Kranz natürlich nicht für den Außenbereich geeignet.

Material

- 1 Styroporkranz (hinten flach), 25 cm ∅
- 5,50 m Schleifenband (türkis), 40 mm breit
- 2,0 m Schleifenband (helllila), 25 mm breit
- 2 Stücke 30 x 40 cm Patchworkstoffe (gemustert)
- Stecknadeln, 18 mm lang

Anleitung

Die Einteilung des Türkranzes können Sie der Abbildung entnehmen.

Es werden etwa 2,5 cm breite Artischockenkanten gearbeitet, die nicht durchgehend auf der Wölbung verlaufen. Beim Stecken der kleinen Kanten, die von außen und von innen zur Mitte verlaufen, ist es wegen der starken Wölbung erforderlich, die Dreiecke einmal andersherum zu legen. Stecken Sie die Spitzen dieser Dreiecke mit Nadeln möglichst unsichtbar fest. Beim Beziehen mit Patchworkstoffen arbeiten Sie um die Kanten herum.

Eine Dekoration aus Schleifen und selbst gedrehten Rosen (s. Seite 11) wird unten angebracht. An der Rückseite wird oben ein kleines Aufhängebändchen festgesteckt.

Hüte am laufenden Band

Diese Dekoration ist als Klingelzug geeignet. Natürlich können Sie die Hüte auch in einer anderen Form an einer Wand dekorativ anordnen.

Material

- 3 Strohhüte, 18 cm Ø
- 3,50 m Schleifenband (altrosagold gemustert), 40 mm breit
- 3,50 m Schleifenband (weißaltrosa gemustert), 40 mm breit
- 4,50 m Webband (natur), 40 mm breit
- 1,0 m Ziehschleife (gold), 15 mm breit
- 3 kleine Efeuranken

Anleitung

Bei dieser Artischockendekoration wird nicht mit Stecknadeln gearbeitet, sondern die Dreiecke werden mit Hilfe einer Klebepistole (Niedertemperatur) befestigt.

Sie beginnen am Rand des Hutes mit dem Aufkleben der Dreiecke in gleichmäßigem Abstand; das sind zunächst acht Stück in einer Runde, die etwa zur Hälfte über den Hutrand hinausragen sollten.

Die 2. Runde wird auf Lücke geklebt, wie bei der Artischockentechnik auf Seite 8 erklärt. Von jeder Farbe werden 3 Runden gearbeitet.

Danach werden die Efeuranke, das gedrehte Goldband und eine Schleife als Dekoration aufgeklebt.

So stellen Sie 3 Hüte her, die Sie farblich nach Ihrem Geschmack abstimmen.

Alle drei Hüte können abschließend auf einem Naturband befestigt werden, das als Aufhängung dient.

Würfel

Eine fröhlich bunte Artischocken-Dekoration in Form eines Würfels sehen Sie hier.

Material

- 1 Styroporwürfel, 10 cm Kantenlänge
- 5,0 m Schleifenband (rot), 25 mm breit
- 1,50 m Schleifenband (rot), 5 mm breit
- Patchworkstoffe in 3 verschiedenen Farben
- Stecknadeln, 18 mm lang

Anleitung

Die 6 Flächen des Würfels werden nach der Patchworktechnik bezogen. Bei der Einteilung der Flächen halten Sie bitte einen Abstand von etwa 1,5 cm zu den Kanten ein, damit diese beim Einschneiden nicht abbrechen.

Die jeweils gegenüberliegenden Flächen sollten Sie mit den gleichen symmetrischen Mustern versehen und die Stoffe farblich analog wählen.

Die 12 Kanten des Würfels werden mit zweigeteilten Artischockenkanten besteckt, d. h. es wird immer an der Spitze begonnen und bis zur Mitte gesteckt. Die in der Mitte sichtbaren Stecknadeln werden mit zwei 5 mm breiten Schleifenbändern der gleichen Farbe abgedeckt.

An einer solchen Stelle wird das Aufhängebändchen angebracht.

Für Kinder

Bärenkugel

Diese Kugel ist eine hübsche Idee zur Dekoration eines Kinderzimmers oder auch ein schönes Geschenk zur Geburt.

Material

- 1 Styroporkugel, 15 cm Ø
- 7,0 m Schleifenband (rosa), 25 mm breit
- 1,0 m Schleifenband (rosa), 5 mm breit
- 3,0 m Ziehschleife
- Patchworkstoffe mit Bärenmotiven (6 Bären)
- 30 x 40 cm Patchworkstoffe mit Blumenmuster
- Stecknadeln, 18 mm lang
- Glasperlen

Anleitung

Die Kugel teilen Sie in 6 gleiche Flächen. Die kreisrund angeordneten Markierungen sind die Hilfslinien für die Artischockenkanten, die etwa 1,5 cm breit sein sollten.
Nachdem der Verlauf der Artischockenkanten aufgezeichnet wurde, legen Sie die Platzierung für die Bärenmotive fest. Ich habe wabenförmige Stoffausschnitte mit den Motiven in der Mitte der Kugel angeordnet. Die darunter und darüber liegenden Flächen werden mit Patchworkstoff bezogen, der farblich etwas Kontrast bringt.
Die Artischockenkanten werden von unten nach oben gearbeitet.
Das Aufhängebändchen wird oben angebracht. Drumherum dekorieren Sie die Schleifen. Auf die herunterhängenden Enden der Schleifen können Glasperlen aufgefädelt werden.

Schultüten

Für den Schulanfang können diese Schultüten angefertigt werden. Sie eignen sich gut als Tischschmuck oder als Geschenk-Dekoration.

Material für 1 Schultüte

- 1 Styroporkegel, 11 cm hoch
- 2,0 m Schleifenband (uni), 25 mm breit
- 30 x 50 cm Patchworkstoff (kleingemustert)
- 25 cm Borte
- Stecknadeln, 18 mm lang
- 1 Papierspitze (gold)
- 1,0 m Perlenkette
- etwas Puppenwatte

Material für die Schleifen

- 1 Pompon, 3 cm Ø für den Kopf
- 2 Pompons, 1,5 cm Ø für die Ohren
- 1 Pompon, 0,5 cm Ø für die Nase
- 2 Wackelaugen
- 0,40 m Schleifenband (uni), 25 mm breit
- 1,0 m Schleifenband (uni), 5 mm breit

Anleitung

Die Einteilung des Styroporkegels nehmen Sie so vor, dass oben 3 etwa 3 cm und 3 etwa 4 cm breite Abschnitte entstehen. Diese verlaufen gleichmäßig konisch bis zur Spitze.
Die breiteren Abschnitte werden mit Stoff bezogen, wobei Sie an der Spitze besonders vorsichtig arbeiten müssen. Die Artischockenkanten beginnen Sie an der Spitze, dabei kürzen Sie die seitlichen Spitzen der Dreiecke mit einer Schere.
Die Spitze der Zuckertüte versehen Sie mit einer selbst gebastelten Papierspitze. Der obere Abschluss wird aus einem Stück Stoff hergestellt, das mit etwas Puppenwatte ausgestopft wird. Der Stoff wird am Styroporkegel festgesteckt oder -geklebt und danach mit einer passenden Borte abgedeckt.
Zum Abschluss wird zum Zubinden eine Schleifendekoration hergestellt, auf die ein Kopf aus Pompons geklebt wird.

Buchstaben

Während man bisher Styroporbuchstaben und -zahlen mühevoll mit einem Styroporschneider ausschneiden musste, gibt es jetzt im Fachhandel bereits fertige Buchstaben und Zahlen. Sie sind zwar nur 8 cm hoch, doch ergeben sich für den Bastler mit diesem Material wieder einige neue Gestaltungsmöglichkeiten.

Die Artischockenkante wird von oben nach unten gesteckt, wo Sie dann die sichtbaren Nadeln mit einem schmalen Schleifenband abdecken sollten.
Eine Dekoration für diese kleinen Buchstaben ist sicher wenig sinnvoll, weshalb ich darauf verzichtet habe.

Material

- Styropor-Buchstaben
- 0,60 m Schleifenband (uni), 25 mm breit
- Patchworkstoff
- Stecknadeln, 18 mm lang

Anleitung

Bevor Sie mit dem Basteln beginnen, sollten Sie die Einteilung des Styropor-Rohlings gut durchdenken.
Da beim Einschneiden nicht viel Material vorhanden ist, ist die Gefahr des Abbrechens von Teilen relativ groß.
Zeichnen Sie den Streifen für die knapp 1 cm breite Artischockenkante am besten auf vertikale Buchstabenteile auf. Auf der Rückseite des Buchstabens sollten Sie ebenfalls eine Einteilung vornehmen, damit Sie beim Beziehen mit Stoff um die Kanten herumarbeiten können.

Tipp

Buchstaben dieser Art eignen sich gut zum Anhängen an die Schultüte oder an ein Geschenk oder auch als Tischdekoration bei einem Geburtstag.

Rückseite

Fröhliche Ostern!

Österliche Dekoration

Für die Gestaltung einer Osterdekoration werden in erster Linie natürlich Eier verwendet. Dieses Gehänge aus 4 Eiern eignet sich besonders gut als Fensterschmuck.

Material

- 1 Styroporei (zweiteilig), 16 cm lang
- 1 Styroporei, 6 cm lang
- 2 Styroporeier, 4,5 cm lang
- 5,0 m Schleifenband (orange), 40 mm breit
- 6,0 m Schleifenband (orange), 5 mm breit
- 0,30 m Schleifenband (orange), 25 mm breit
- 30 x 70 cm Patchworkstoff (Blumenmuster)
- Stecknadeln, 18 mm lang
- 3,5 m Perlenkette
- einige Seidenblüten

Anleitung

Das große zweiteilige Styroporei wird zuerst zusammengeklebt. Dafür verwenden Sie am zweckmäßigsten eine Niedertemperatur-Klebepistole.

Bei der Einteilung des Styroporrohlings können Sie sich an der Abbildung orientieren. Dabei beginnen Sie an der Nahtstelle des Eies, wo eine 3 cm breite Artischockenkante gesteckt wird.

Um 90° versetzt wird eine Artischockenkante gearbeitet, die etwa 2,5 cm breit ist und nur bis zur Mitte des Eies reicht.

Die 6 Flächen des großen Eies werden mit der Patchworktechnik bezogen. Die Artischockenkanten werden in der beschriebenen Arbeitsweise gesteckt (siehe Seite 9).

Als zusätzliches dekoratives Element werden nun die Schnittstellen mit einer farblich passenden Perlenkette abgedeckt. Dazu verwenden Sie wiederum die Klebepistole, mit der abschnittsweise einige Klebepunkte aufgebracht werden.

Die drei kleineren Eier werden nach der Patchworktechnik bezogen, wobei möglichst der gleiche Stoff wie bei dem großen Ei verwendet werden sollte. Auch hier decken Sie die Schnittstellen mit der Perlenkette ab.

Die kleinen Eier werden mit Seidenblüten und Schleifen aus 5 mm breiten Schleifenbändern dekoriert und dann in verschiedenen Längen am unteren Ende des großen Eies mit Klebstoff befestigt. Diese Stelle wird ebenfalls mit einer kleinen Dekoration abgedeckt.

Am großen Ei wird das Aufhängebändchen angebracht. Dabei pendeln Sie das Gehänge aus, damit es möglichst senkrecht hängt.

Zum Schluss dekorieren Sie das große Ei oben noch etwas.

Ostereier

Diese Ostereier können Sie als Gruppe oder auch einzeln aufhängen und so Ihre Wohnung österlich dekorieren.

Material für 1 Ei

- 1 Styroporei, 12 cm lang
- 2,0 m Schleifenband (uni), 40 mm breit
- 1,50 m Schleifenband (uni), 5 mm breit
- 1,0 m Schleifenband (uni), 25 mm breit
- 30 x 30 cm Patchworkstoff (Schmetterlingsmuster)
- Stecknadeln, 18 mm lang

Anleitung

Das Styroporei teilen Sie gemäß der Abbildung in 3 Abschnitte ein.

Die Artischockenkante hat eine Breite von 2,5 cm (oben) bis 2 cm (unten). Die 2 großen Flächen werden nach der Patchworktechnik mit Stoff bezogen. Die Artischockenkante wird von unten beginnend auf beiden Seiten nach oben gesteckt.

Nach dem Anbringen des Aufhängebändchens wird das Ei ausgependelt und dekoriert. Weitere Dekorationen, wie Blüten oder Perlenketten, können Sie nach Ihrem Geschmack anbringen.

Tipp

Durch versetztes Aufhängen der Eier (verschiedene Längen der Aufhängebändchen) verstärken Sie die dekorative Wirkung als Gehänge.

Hasenfamilie

Material für 1 großen Hasen

- 1 Styroporei, 7 cm
- 1,50 m Schleifenband (uni), 25 mm breit
- Patchworkstoff
- 1 Hasenkopf, 4 cm ∅
- etwas dünner Draht
- Stecknadeln, 16 mm lang

Material für 1 kleinen Hasen

- 1 Styroporei, 6 cm
- 1 Hasenkopf, 3 cm ∅
- andere Materialien wie oben

Anleitung

Bei der Einteilung der Styroporeier können Sie Ihrer Phantasie freien Lauf lassen. Ich habe nur dem Hasenvater eine Hose mit Hosenträgern angezogen.

Ansonsten werden die Hasen seitlich mit Artischockenkanten versehen, die an der Spitze (oben) begonnen werden und am stumpferen Ende aufhören. Für die Füße binden Sie 2 Schleifen aus dem gleichen Schleifenband und befestigen diese mit Stecknadeln unter dem Ei.

Zum Schluss werden gekaufte Hasenköpfe aufgesteckt.

Goldener Mond

Der Mond ist als Dekorationselement in vielen Fenstern zu finden, auch Styropor-Monde in Patchwork- oder Artischockentechnik sieht man dabei ab und zu. Hier habe ich eine Idee zur Kombination beider Techniken verwirklicht. Durch die Verwendung von Spitzenband zum Beziehen der Flächen bekommt das Objekt einen besonderen Reiz, weil das weiße Styropor durchscheint und der Mond so besonders festlich wirkt.

Material

- 1 Styropormond, ca. 22 cm
- 5,0 m Schleifenband (gold), 25 mm breit
- 1,0 m Ziehschleife (gold)
- 2,0 m Spitzenband, 70 mm breit
- Stecknadeln, 18 mm lang

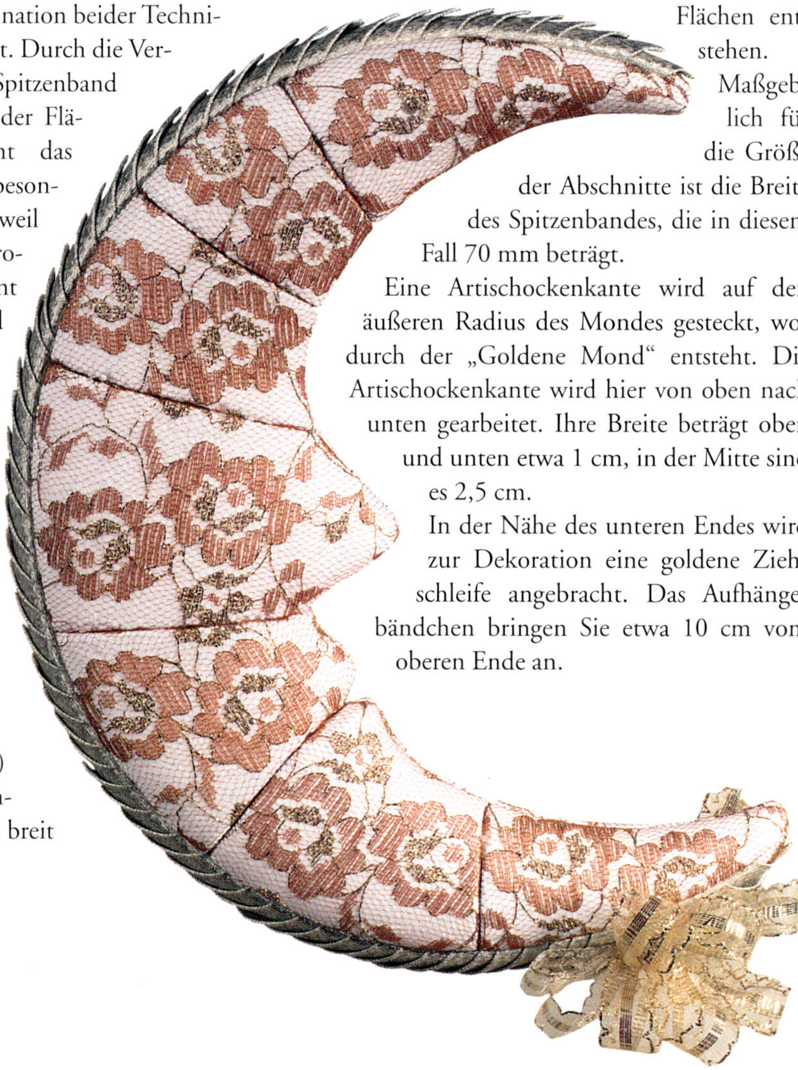

Anleitung

Die Einteilung auf dem Styroporrohling nehmen Sie so vor, dass auf der Vorder- und der Rückseite jeweils sieben Flächen entstehen. Maßgeblich für die Größe der Abschnitte ist die Breite des Spitzenbandes, die in diesem Fall 70 mm beträgt.

Eine Artischockenkante wird auf den äußeren Radius des Mondes gesteckt, wodurch der „Goldene Mond“ entsteht. Die Artischockenkante wird hier von oben nach unten gearbeitet. Ihre Breite beträgt oben und unten etwa 1 cm, in der Mitte sind es 2,5 cm.

In der Nähe des unteren Endes wird zur Dekoration eine goldene Ziehschleife angebracht. Das Aufhängebändchen bringen Sie etwa 10 cm vom oberen Ende an.

Glocke

Ein typisches Weihnachtsmotiv ist diese Glocke, die deshalb hier nicht fehlen soll. Durch die Perlenkette wirkt sie besonders festlich.

Material

- 1 Styroporglocke, 16 cm hoch
- 7,50 m Schleifenband (lila), 25 mm breit
- 2,10 m Spitzenband (fliederfarben), 40 mm breit
- 0,50 m Spitzenband (gold), 70 mm breit
- 2,0 m Schleifenband (lila), 5 mm breit
- 30 x 30 cm Patchworkstoff (fliederfarben)
- 0,90 m Perlenkette (gold)
- Stecknadeln, 16 mm lang

Anleitung

Die Styroporglocke teilen Sie mittels Hilfslinien in 4 gleiche Teile. Bei der weiteren Einteilung orientieren Sie sich an der Abbildung.

Die Artischockenkanten sind etwa 1 cm breit. Sie verlaufen zu zwei Dritteln doppelreihig, teilen sich dann auf und kommen am Glockenrand mit der daneben liegenden Kante zusammen. Die Artischockenkanten verlaufen leicht konisch. Beim Beziehen der einzelnen Abschnitte wird auch um den Glockenrand herum gearbeitet. Der fliederfarbene Stoff wird dabei von goldfarbenem Spitzenband überdeckt. Auf die unteren Schnittkanten der Glocke kleben Sie die goldene Perlenkette auf.

Zum Aufhängen der Glocke bringen Sie oben in der Mitte ein farblich passendes Aufhängeband an. Eine Dekoration aus Spitzenband sowie selbst gedrehte Rosen decken die Befestigungsstelle ab. Es eignen sich jedoch auch handelsübliche Diorröschen, die es in vielen Farben gibt.